從相處與飼養知識、柴柴怪癖到有趣日常，最療癒的萌犬指南

柴友必備 跟柴柴心意相通的

柴犬のトリセツ

# 柴犬使用手冊

日本最受歡迎
柴犬作家
**影山直美** 著

林子涵 譯

# 前 言

本書是飼主跟柴柴相親相愛的重點說明書。柴柴總是有難以捉摸的一面，想了解牠們，其實不是一般人想像的那麼簡單。但我們只要用心去了解、去親近，還是能輕鬆跟柴柴建立獨特美好的關係。

不過，本書的內容僅為柴柴使用說明的其中幾個例子。這是我根據自家 4 隻柴柴所完成的，希望有些觀點能讓讀者對於柴柴的心思或行為豁然開朗。

我目前與 4 隻柴柴一同生活。每一隻都很有自己的個性，也多虧這樣，各個章節才能呈現出更豐富多彩的故事。期待大家能在閱讀的過程中，一邊在腦海中浮現「沒錯！我家的柴柴也是這樣！」「咦～原來還有這樣的事啊？」的感想，一邊完成屬於你們家的「柴柴使用手冊」。

影山直美

超討厭
蚊子嗡嗡聲。
不喜歡甲蟲。

小傑 ♂

柴 1 代。1997 年生。個性
隨和，非常親人，不過卻
很討厭接觸其他柴犬。

小哲 ♂

柴 2 代。2005 年生。個性
傲嬌，年輕時暴躁，越長
大越成熟。

養在室外時，
記住了甲蟲的
氣味。

# 影 山 家 裡 的 歷 代 柴 犬 們

小麻 ♀

柴 3 代。2015 年生。過著如夢
似幻的理想狗生。性格開朗、
大而化之，凡事不會太計較。

樂樂 ♂

柴 4 代。2018 年
生。領養的時候
10 個月大。個性
開朗，一到外面
就變得膽小。

對於從來沒看過
的東西都會非常
警戒，甚至對零
食也是如此。
對甲蟲之類的東
西完全沒興趣！

散步時曾經叼過壁虎。
也有捕食過甲蟲。

# 柴犬的構造

# 目錄

# 柴犬的使用方法

# 柴行為疑難排解

# 希望柴犬主人
# 知道的事

# 柴柴們希望主人
# 一定要知道的快問快答 FAQ

# 柴犬的構造

# 全身構造圖（前）

**耳朵**

直立的耳朵是基本款。

剛出生 → 1～？個月大

開心時會變成 飛機耳
→ 請見第 16 頁

**眼睛**

杏仁形。

**鼻子**

黑到發亮。

**臉部**

和狐狸、
狸貓的臉非常不一樣。

**腳尖**

非常敏感的部位。
也有些柴柴會討厭「握手訓練」。

張開腳趾是什麼意思 → 請見第 18 頁

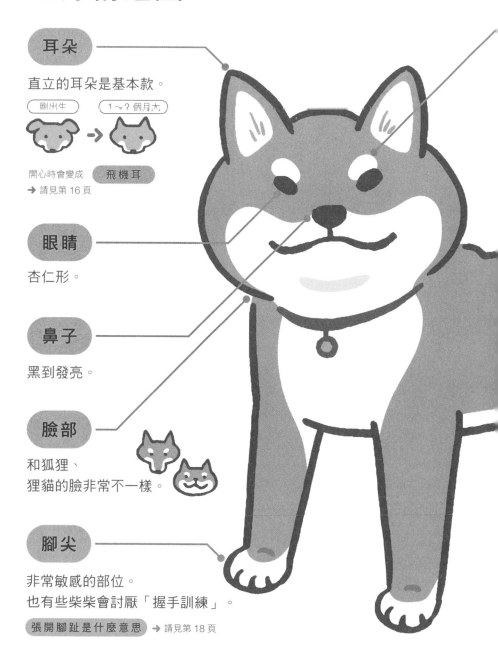

## 眉毛

柴柴不管再怎麼帥，
都會有「長眉毛」的時期。

 M字眉　→ 請見第 132 頁

## 尾巴

捲法也會表現出柴柴的特性。

→ 請見第 12 頁

有 尾巴盤子 的柴柴。

→ 請見第 15 頁

## 毛色

分為紅、黑、
白、胡麻色

紅色　黑色

白色　胡麻色

## 肚子

腹部的毛是白色的。
又稱作「Urajiro─裡白」。

# 全身構造圖（後）

**頭**

超級圓。　黑柴的圓頭非常醒目

**耳尖**

長著密集、
又超短的毛。
換毛期的時候
一拔就會掉下來。

叼耳朵的 愛情表現

→ 請見第 68 頁

**臉頰**

這個胖呼呼的地方
沒想到全都是毛。

**脖子周圍**

隨著年紀漸長，
會出現白色的圍巾。

**毛**

非常稠密，
而且還會往內長。
每一年都會有幾次
生長換毛的時期。

換毛期 → 請見第 20 頁

又稱作「背毛」，

**背上的毛**

可以用來擋雨。

**身體的氣味**

算是犬科中相對氣味較淡的種類。
不過，有許多飼主憑柴柴頭上的味道，
就可以分辨自家的愛犬。

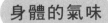

啪！

**肛門**

可以清楚看到
柴柴的肛門。
在逆風中散步時
會看起來很脆弱。

照顧方法 ➜ 請見第 116 頁

**屁股**

不管是公的還是母的
都有結實的臀部，
而且毛很厚。

↖ 這裡
是腳後跟！

**乳腺**

公的當然
也會有乳腺。
梳毛的時候記得要
輕輕地滑過！

# 認識尾巴的特徵

尾巴的捲繞方式分成2種。

捲尾

立尾

「柴犬就應該要把尾巴高高捲起來不是嗎？」
通常只有外行人才會這樣說，別太放在心上。

---

參考 ❶

**隨著年齡增加，捲度越來越鬆**

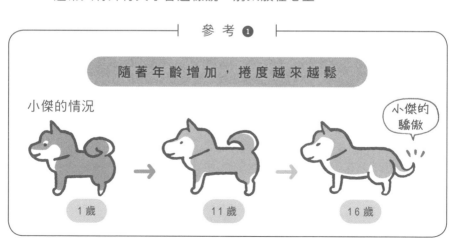

小傑的情況

小傑的
驕傲

1 歲　　　　11 歲　　　　16 歲

參 考 ❷

## 尾巴有時候是消磨時間的好夥伴

你想怎麼樣!?

搖晃

自己搖晃自己的尾巴，
然後追逐，像在追其他動物一樣。

你這傢伙—

轉了好幾圈。

什麼？竟然還在！

這絕對是世界上最省錢的
其中一個遊戲。

# 尋找尾巴盤子

捲尾的旋渦很明顯的柴柴

旋渦也算是明顯，毛質柔軟的柴柴

「尾巴盤子」會出現在尾巴大幅度捲起的柴柴背上。
尾巴會施加壓力，所以造成背上的凹陷，像是盤子一樣。
這是沒跟柴柴生活過，就很難看到的景象之一。

就算放下尾巴之後，
盤子的形狀還很明顯。

放下尾巴一段時間後，
盤子會暫時消失。

# 「飛機耳」的原因

「飛機耳」是指柴犬非常高興時，將耳朵向外下壓的模樣。
不是每隻柴犬都一定會有飛機耳。

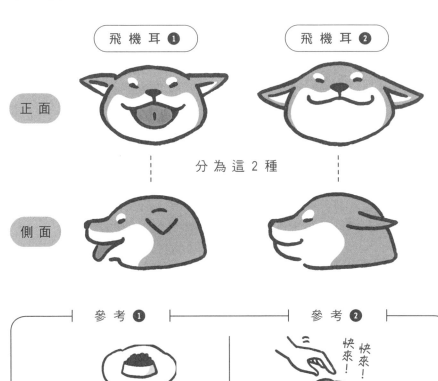

飛機耳 ❶　　　　飛機耳 ❷

正面

分為這 2 種

側面

參考 ❶

準備吃飯的時候，雖然也很
「高興」，但耳朵會朝向前方。

參考 ❷

有些柴犬也會為了方便摸
頭，所以變成飛機耳。

參考 ❸

## 最大程度的開心表現

1. 瞇瞇眼
2. 飛機耳
3. 發出呼呼或哈哈聲
4. 興奮到漏尿
5. 晃來晃去
6. 一直想坐在地上
7. 尾巴搖來搖去

哈

呼

參考 ❹

喂，這樣跳很危險耶……哀

沒想到平常在家喜歡裝酷的愛犬，居然會對陌生的客人飛機耳。真的太讓飼主難過了……。

# 什麼時候會張開腳趾？
# 來好好觀察吧！

**❶ 吠叫的時候**

**❷ 來玩！的姿勢**

張開腳趾時仔細聽，
就可以聽見腳趾間
發出的聲音。

❸ 跑步著地時

踩在地上的腳趾！

# 換毛期怎麼辦呢？

季節變化與柴犬的毛

冬季　　　　　　　春季

會全部徹底脫落

冬毛看起來胖呼呼的。

掉毛的地方和剛長毛的地方混在一起。看起來有點彆扭。

好可愛

在影山家裡，大概三年就要換一支新的吸塵器。

換毛期間飼主的日常服裝。

如果是赤柴

毛是偏白色的。表面摸起來十分清爽，質感很好。

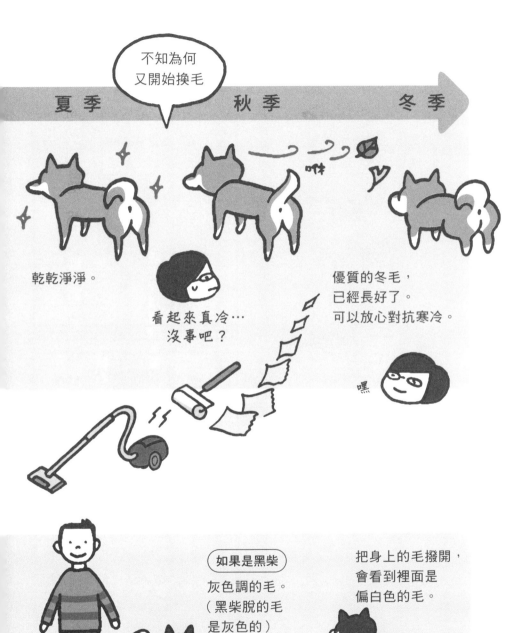

不知為何
又開始換毛

夏季　　　秋季　　　冬季

乾乾淨淨。

看起來真冷…
沒事吧？

優質的冬毛，
已經長好了。
可以放心對抗寒冷。

嘿

如果是黑柴

灰色調的毛。
（黑柴脫的毛
是灰色的）

把身上的毛撥開，
會看到裡面是
偏白色的毛。

# 柴劇場

談到柴柴的魅力所在，
那一定是牠們毛茸茸的毛。
蓬鬆的毛超級可愛，
但同時也很難纏。
等到真正跟柴柴一起生活之後，
才發現「幸福的觸感」
其實暗藏陷阱！

## 臉頰肉的真面目

這麼窄，牠一定過不來吧！

沙沙

不可能…

滑出

啊！

被騙了

臉頰肉也是毛！

# 我們家柴柴不胖

小傑最近吃很多零食喔？

看起來胖嘟嘟

不多吃

牠不多耶

擊打

每次洗完澡都…

**好瘦**

唰—

馬上回答

其實是因為毛太蓬了

原來如此

# 是不是背帶？

牠有點變胖了—

啊，應該是背帶的關係

9.8kg

嗶—

拿掉背帶之後再量一次…

微笑微笑

嗶—

9.7kg

這樣的話，可能要減重了喔！

沒問題…

哈哈

# 固執也是優點

頑 固 等 級

絕對不放開
自己喜歡的玩具。

頑 固 等 級

絕對不放開
到最後
甚至還被釣起來。

## 頑固等級

⊂⊃⊂⊃⊂⊃⊂⊃⊂⊃⊂⊃⊂⊃⊂⊃⊂⊃⊂⊃⊂⊃⊂⊃

連空的碗也要守住。
碗本身比食物還重要。

守護東西 → 請見第 108 頁

# 不管喜不喜歡你，都會保持警戒

柴柴會警惕初見面的人和物，以及不同於以往的東西。

警戒等級

客人

物在搖尾巴耶！

!?

明明是很輕鬆的氣氛，
但對方想摸自己的話，就會避開。

警 戒 等 級

不習慣吃外人給的食物。
可是，有時候還是會
不小心接受了。

飼主的朋友

該繼續吃，
還是吐出來？
是柴柴一生最大的糾結。

警 戒 等 級

為什麼會對等公車的人警戒？
這是因為
昨天那裡沒有人。

固定不動的東西…OK

← 平常
沒看過的人…NG

# 友善又親人的柴柴
# 正在增加中！

柴犬一般都十分小心謹慎，不會太過親近外人或是其他狗。
但脾氣好的柴柴目前在持續增加。

**以前影山家的柴柴出去散步時**

附近也會有很多硬派柴犬，
所以人跟人都會隔著一條路
打招呼。

閉氣隱形

正在吃草

小哲

小傑

看向遠方

現在影山家的柴柴出去散步時

會跑去馬路對面跟朋友們打招呼。
尤其是小麻，不管是男生還是女生，
大家全都可以當朋友！

小麻

樂樂

# 只要有過討厭的經驗，就絕對不會忘記

柴柴不但記憶力非常好，而且還會有根深蒂固的觀念。

造成心理創傷的案例 ❶

本來以為要去兜風⋯⋯

打針！

討厭上車。

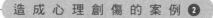

造 成 心 理 創 傷 的 案 例 ❷

在主人的床上
睡得很舒服……

突然被抱下床。

之後想抱牠，
竟然生氣地跑走了。

# 偶爾喜歡享受孤獨

有時會安安靜靜，想要一隻狗獨處。

例 1 　趁家人吃晚餐的時候，躲去黑暗的房間。

例 2 　在浴室睡覺。通常發生在夏天。

雖然平常不喜歡洗澡，
但不知為什麼
很喜歡浴室。

例 3　明明養在室內，但下雨的時候
會特別跑去院子，在狗屋裡待著。

例 4　帶去遛狗場，結果自己在角落徘徊。

# 就算喜歡你，
# 也要跟你保持距離（柴距離）

柴柴自有一套保持距離的獨特方法。
互相尊重對方的領域，避免無謂的爭執，
這才是聰明的社交技巧。

例如：看起來像是在想其他事情，
其實是表現出對於對方的尊重

例如：保持距離、共享觀察廚房樂趣

例如：保持距離的同時，也向主人示好

算得剛剛好的柴距離

# 也有不保持「柴距離」的柴柴嗎？

也有一些柴犬喜歡激烈的近距離接觸。

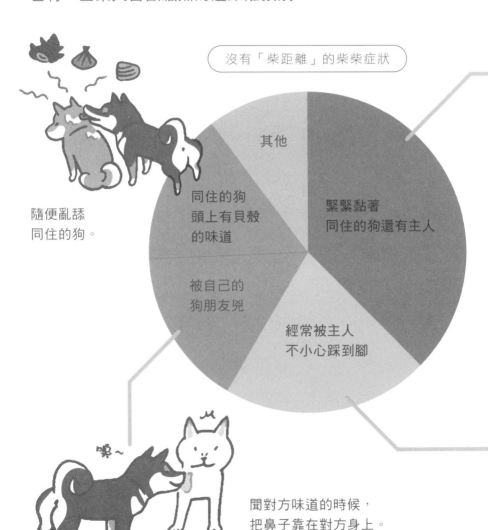

沒有「柴距離」的柴柴症狀

其他

隨便亂舔
同住的狗。

同住的狗
頭上有貝殼
的味道

緊緊黏著
同住的狗還有主人

被自己的
狗朋友兇

經常被主人
不小心踩到腳

嗅~

聞對方味道的時候，
把鼻子靠在對方身上。
可能因此被討厭。

把同住狗的尾巴
當成枕頭。

把正在睡午覺的主人
當作枕頭。

原來
你在這邊！？

距離太近的話，
很可能被撞到或踩到腳，
但柴柴自己好像都不在乎。

# 柴柴其實很依賴家人

雖然平時很傲嬌，但其實會一邊裝沒事，
一邊仔細觀察家人們。
同住的家人或狗狗如果身體不舒服，就會陪伴在旁邊。

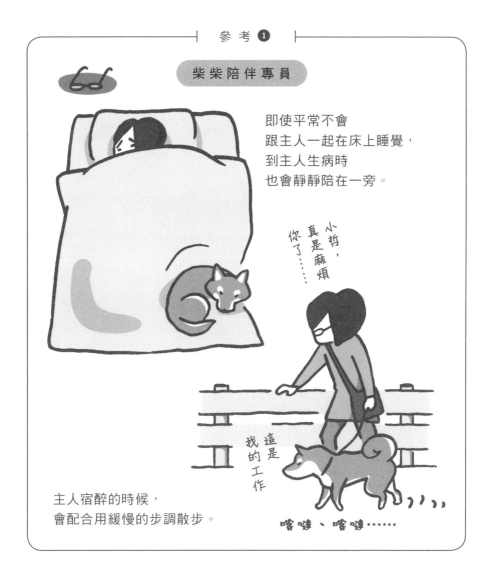

參考 ❶

**柴柴陪伴專員**

即使平常不會
跟主人一起在床上睡覺，
到主人生病時
也會靜靜陪在一旁。

小哲，
你了……
真是麻煩

這是
我的
工作

主人宿醉的時候，
會配合用緩慢的步調散步。

喀嗒、喀嗒……

─┤ 參 考 ❷ ├─

## 柴柴的「叫醒服務」

柴犬可以分辨你是因為發燒不舒服，
還是因為太累而躺著。

─┤ 參 考 ❸ ├─

## 柴柴護士陪你入睡

柴柴：「我不會
讓痛苦的你一隻
狗待著。」

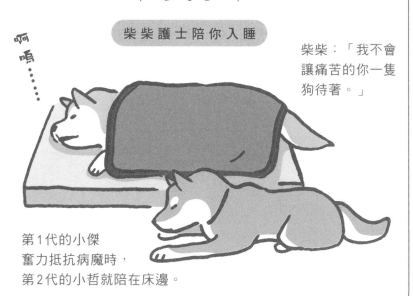

第1代的小傑
奮力抵抗病魔時，
第2代的小哲就陪在床邊。

# 柴劇場

無論是人還是狗，
大而化之的個性都非常好相處。
不過，這有時候也是個缺點，
而且常常會帶來「笑果」。

## 脾氣好的傢伙

是昨天的那隻貓

抓

喵嗚——

!?

小傑是超級大而化之的那一種

## 付諸流水　　　　只要一個禮拜

個性不鑽牛角尖的這種柴柴很快就會忘記發生過的事

竟然還敢來

有些柴柴會忘記對方的個性是不拘小節

小花～好久不見

但樂樂卻很怕生

沒關係！我們來玩吧！

我才不要！

嚇到

樂樂 樂樂

不過…

「坐下」

唉

抖抖

！？

昨天才剛學會的「坐下」也付諸流水了

呆愣 ？？？

只要超過一個禮拜沒見到朋友，就會回到完全不認識的狀態

# 非常優秀的聽力

柴犬雖然是聽力優秀的犬種，
但牠們不會對所有聲音
都做出反應，
有時候會裝作沒聽到。

送貨的車或
鄰居的車

家人回家的聲音
→ 請見下頁

**柴柴們分辨聲音的例子**

隔壁房間的
放屁聲

主人的車子開到
離家最近的彎路時
發出的聲音

日式房屋地板
下的蟲叫聲

從冰箱拿出零食的聲音
→ 請見第 51 頁

嗒啦　嗒啦

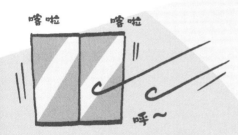

強風吹動窗戶的聲音

嘩～

轟～碰

附近的煙火聲

施工的噪音

轟隆　轟隆

遠處的打雷聲

認識的狗走過家門的聲音

喔咿～喔咿～

救護車之類的鳴笛聲

汪汪！

鄰居家狗的聲音

嘩…

啪啦…

遠處巨浪淘淘的聲音

# 耳朵會「自動忽略」
# 不想聽的話

裝 作 沒 聽 見 ➡ 不 會 有 任 何 動 作

這是柴柴逃避壓力的一種技巧。
明明就在主人旁邊，
卻對主人說的話沒有反應
看起來非常淡定。

快
點
來
洗
澡
！

不
要
吃

你
怎
麼
又
在
調
皮
搗
蛋
了
！（高音）

# 想耍懶的話，也會充耳不聞

装 作 沒 聽 見 ➔ 開 始 裝 睡

家人回家時，因為玩得太累而懶得去
迎接。「我剛好在睡覺，所以沒聽見～」
於是就開始裝睡了。

我回來了！

柴柴年輕的時候…

隨著年紀增長，
柴柴也漸漸學會
計算得失。

# 十分敏銳的嗅覺

對於聞到的氣味，
柴柴都會誠實地做出反應。
牠們沒辦法裝成「沒聞到」的樣子。

聞出是客人的鞋子

可以知道主人穿的是外出服
還是家居服。

$\boxed{柴\ 柴\ 聰\ 明\ 分\ 辨\ 不\ 同\ 氣\ 味\ 的\ 例\ 子}$

無聲的 屁

正在烹調的肉和魚
有沒有調味？
（是柴柴可以
吃的嗎？）

主人買回來的東西
裡面有沒有
美味的炸物？

這是爸爸的枕頭，
還是媽媽的？

→ 請見下頁

菸味

→ 請見第 49 頁

噴霧的味道

遠處正在
下雨

如果聯想到打雷聲，
可能會渾身發抖。

電線桿上
各種狗尿的氣味

討厭的
狗的腳印

曬好的棉被

鴿子的糞便
或羽毛

3個月前吃東西噴到的地方

蚯蚓

有些柴柴
會把蚯蚓的味道
蹭在自己身上

院子一角的青蛙

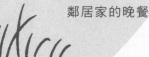

鄰居家的晚餐

# 柴柴也具備了
# 優秀警犬的素質

❶ 喜歡的濃郁氣味

就算兩個枕頭一模一樣，
柴柴還是可以找出爸爸睡的枕頭，然後狂舔！

有辦法從準備洗的髒衣服裡，
把爸爸穿過的襪子挖出來。

❷ 要逃離的強烈氣味

如前文所述，柴犬對自己聞到的「氣味」無法裝作沒聞到。
如果戒菸中的爸爸躲起來抽菸，牠靈敏的嗅覺會馬上做出反應。

# 知道「放零食的地方」後會立刻記住

柴柴記憶中的零食放置處

櫥櫃的最上面

冰箱的蔬菜保鮮室

口袋

可能會發生的問題

一打開蔬菜保鮮室
柴柴就馬上跑過來等待,
而且不會輕易放棄。

就算是陌生人,只要
看到手伸進口袋的動
作,就會馬上坐下。

# 可以解讀人的情緒

尤其是養在室內的柴柴，會對主人的情緒會更敏感。

參考 ❶

主人正在專心追劇，
柴柴感受到這種氣場，靜靜凝視著。

參考 ❷

發覺主人正在專心工作的氣場，趕快逃開！

試試看：
偶爾從其他地方拿出零食，
柴柴的反應會很有趣喔。

# 柴犬的使用方法

# 迎接新家庭成員「柴柴」時會發生的事

**1** 如果是小狗，會馬上「吃→拉」，開始的時候就手忙腳亂。

**2** 家庭的笑聲增加了 30%，話題有 80% 都繞著柴柴轉。

参 考

如果是領養棄犬，
就會花更多時間去了解
牠到目前為止的
家人們與過往經歷。

繞過

我散步的時候
都習慣
走在左邊唷！

原來如此！
好吧，
我們就這樣走。

也來了解
其他微不足道
的小事吧。

# 襁褓柴的 1 日時光

和媽媽散步

幼犬

看著媽媽吃午餐

| 6 | 7 | 8 | 9 | 10 | 11 | 12 | 13 | 14 |

吃飯　　　很快就拉出來　　　睡覺　　　零食

很快就尿出來

趁大家午休的時候，
獨自一狗
也玩得很開心

嗶嗒

嗶嗒

上面有尿漬

一邊練習「坐下」
一邊玩得很開心

哥哥回家了

開心到漏尿

爸爸回家了

開心到漏尿

15　16　17　18　19　20　21　22　23 時

睡覺

吃飯　很快就拉出來

馬上就睡著了

和媽媽、哥哥一起散步

遊戲時間

拉屎

# 不惑柴的 1 日時光

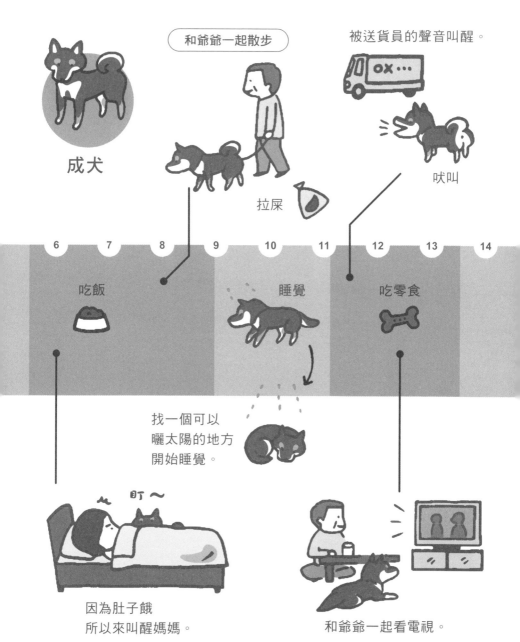

和爺爺一起散步

被送貨員的聲音叫醒。

成犬

拉屎

吠叫

| 6 | 7 | 8 | 9 | 10 | 11 | 12 | 13 | 14 |

吃飯

睡覺

吃零食

找一個可以曬太陽的地方開始睡覺。

因為肚子餓所以來叫醒媽媽。

和爺爺一起看電視。

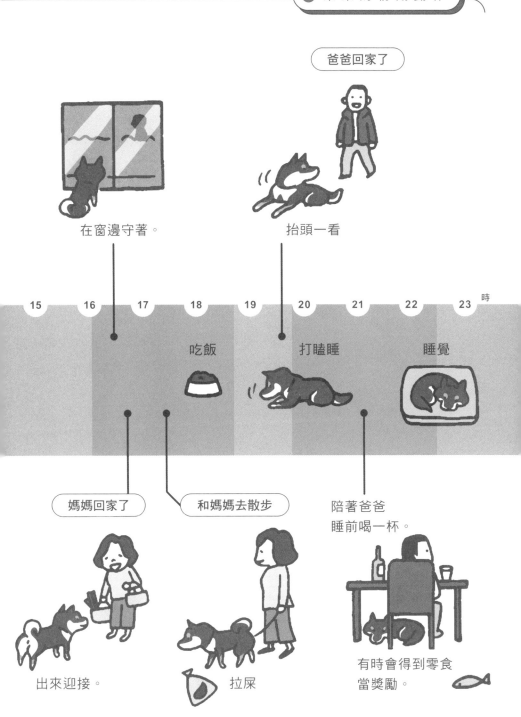

爸爸回家了

在窗邊守著。

抬頭一看

15　16　17　18　19　20　21　22　23　時

吃飯

打瞌睡

睡覺

媽媽回家了

和媽媽去散步

陪著爸爸
睡前喝一杯。

出來迎接。

拉屎

有時會得到零食
當獎勵。

# 花甲柴的 **1** 日時光

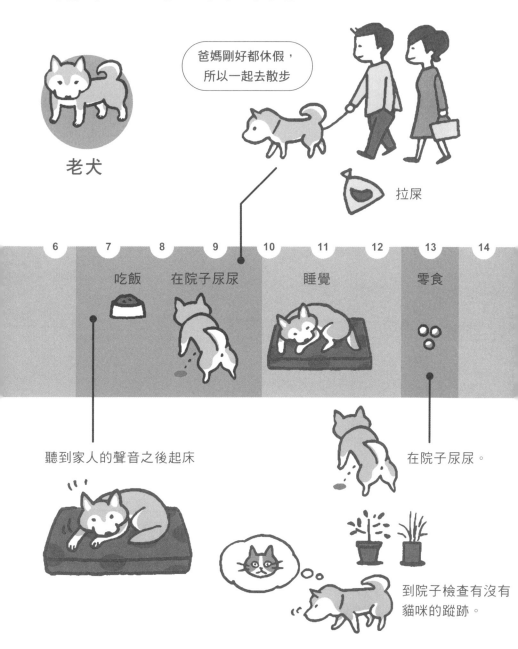

老犬

爸媽剛好都休假，
所以一起去散步

拉屎

| 6 | 7 | 8 | 9 | 10 | 11 | 12 | 13 | 14 |

吃飯

在院子尿尿

睡覺

零食

聽到家人的聲音之後起床

在院子尿尿。

到院子檢查有沒有貓咪的蹤跡。

和爸爸去散步

拉屎

在院子尿尿。

15　16　17　18　19　20　21　22　23 時

吃飯

睡覺

很早就開始等待
吃飯時間。

和爸爸一起睡午覺。

陪著大家吃晚餐
但有時不知不覺就睡著了。

# 柴柴最不喜歡的
# 1日時光

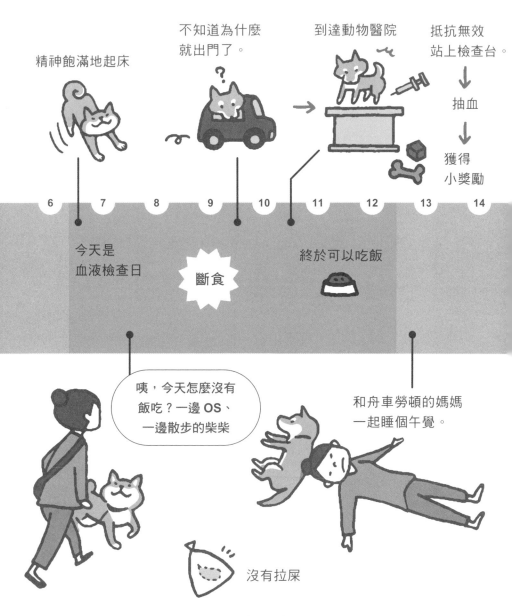

精神飽滿地起床

不知道為什麼
就出門了。

到達動物醫院

抵抗無效
站上檢查台。
↓
抽血
↓
獲得
小獎勵

| 6 | 7 | 8 | 9 | 10 | 11 | 12 | 13 | 14 |

今天是
血液檢查日

斷食

終於可以吃飯

咦，今天怎麼沒有
飯吃？一邊 OS、
一邊散步的柴柴

和舟車勞頓的媽媽
一起睡個午覺。

沒有拉屎

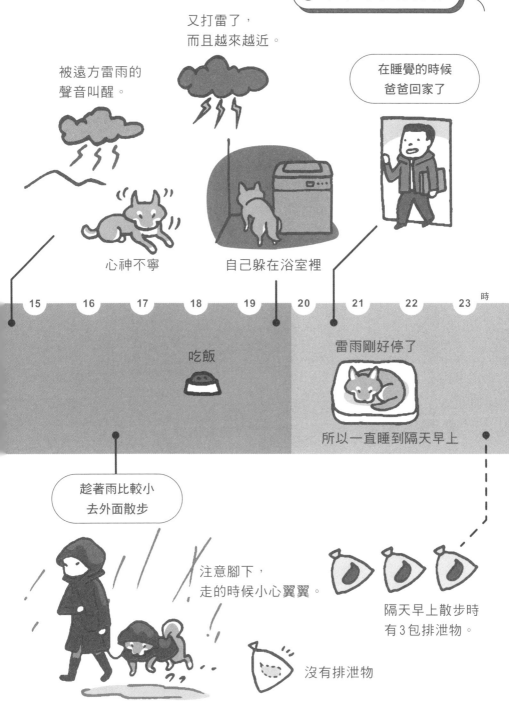

被遠方雷雨的
聲音叫醒。

又打雷了,
而且越來越近。

在睡覺的時候
爸爸回家了

心神不寧

自己躲在浴室裡

15　16　17　18　19　20　21　22　23　時

吃飯

雷雨剛好停了

所以一直睡到隔天早上

趁著雨比較小
去外面散步

注意腳下,
走的時候小心翼翼。

隔天早上散步時
有3包排泄物。

沒有排泄物

( 065 )

# 肢體接觸，也要恰到好處

可惜的是，柴柴不會全盤接受主人「有愛的行為」。主人要尋找牠最喜歡的接觸方式，這在建立信賴的過程中非常重要。

**❶ 撫摸喉嚨**

許多柴柴
對於「突然被摸頭」
相當排斥。

**❷ 撫摸背部**

如果被摸背
尾巴的前端，
會很高興地抖來抖去。

❸ 撫摸腹部

如果摸到
柴柴肚子上的穴道，
牠會開始踢腿。

咚

咚

咚

這個行為
表示牠感覺
很舒服

# 肢體接觸，進階班

**① 觀察耳朵的厚度**

柴柴耳尖的觸感
跟天鵝絨一樣。

輕輕捏著。

有些柴柴
也允許主人可以
叼牠的耳朵。

這是
相親相愛
的證明

參
考

在同類之間，
柴犬也會有
「舔拭同伴耳朵」的
近距離接觸。

❷ 雙手輕輕握住臉頰

像是童話故事的結尾一樣，
說「開開心心、開開心心」，
幸福指數真的就會Up。

❸ 用雙手輕輕夾住屁股

這樣可以
互相交換溫暖。

# 柴柴撒嬌的時候，
# 該如何回應牠呢？

柴柴如果釋放出想撒嬌的訊號，
就是希望收到主人充滿愛的回應。

撒嬌的訊號 ❶ 一直盯著看

啪嗒、啪嗒地跑過來
出現在我的眼前。
這時候很乖，不會吠叫。

到最後，
還會把下巴靠在
我的大腿上。

再怎麼「木頭」的主人，
這時也會被融化。

撒嬌的訊號 ❷ 拍打

啪

如果柴柴習慣用前腳，
就會這樣
發出強烈的撒嬌。

撒嬌的訊號 ❸ 想被什麼摸，就按住什麼

覺得「主人的腳好像很閒」
所以想被腳摸。

# 柴犬有個人的「獨處時間」，就連飼主也要尊重

有時候，沉默也是一種愛。
懂得這個道理的人，就可以成為柴柴的好搭檔。

**參考 1**

雖然柴犬就在旁邊，
但牠這樣子確實進入了「獨處時間」。
這時候，不要急著觸碰牠。
畢竟牠選擇待在主人腳邊發呆時，
就已建立好信賴關係了。

參考
2

有些店家的柴店長，平時非常親人，但有時也想一隻狗獨處。
確認眼神之後，知道要點個頭打招呼就走的，才是內行人。

# 用愛來探索

每隻柴柴所能接受／喜歡的打扮程度吧！

印花大手帕

從小狗到老狗都可以配戴。

露眼帽

人戴的話會變成 ➜

手巾 ❶

入門是戴在脖子上。

手巾 ❷

也有些綁法會把頭包起來，
但露出耳朵，柴柴才會比較舒服。

花的裝飾

太陽眼鏡

竟然是用橡皮筋
固定在毛上面。
向寵物美容師致敬！

一動也不動，看起來很酷，但其實
只是有點害怕，所以不太敢動。

雨衣 ❶

雨衣 ❷

頭部和尾巴會被淋溼。

豪華版，
不過尾巴還是溼了。

# 柴劇場

傲嬌的柴柴們，
有時為了表達自己的愛，
會去舔一下同伴的耳朵。
不過牠們各自的方法
好像差很多……

## 低調的愛（兄弟）

舔

舔

小傑9歲

舔

舔

盯著看

小哲8歲

舔毛

？

緊盯

好可愛～

## 無所畏懼的愛（兄妹）

## 強迫的愛（姊弟）

# 我的柴柴喜歡哪一種刷子呢？

柴柴喜不喜歡梳毛的關鍵在於：
有沒有一支讓牠喜歡又合適的梳毛刷。

針梳

刺痛

可以快速除掉脫毛，
但如果狗狗年紀大了，
使用時可能會疼痛。

平梳

滑過

使用時要注意。
如果梳得太隨心所欲，
可能最後會失敗。

要從根部往上，
一點一點地
把毛梳開。

橡膠刷

對皮膚很溫和。
連老狗也會喜歡。

有做成手套的款式，
用來撫摸的時候
就可以梳毛。

終極方式是⋯⋯ **手!!**

不會刺激到皮膚

就可以迅速

又確實地除毛

精準　快速

有一段時間，小哲討厭梳毛，
所以主人「用手梳毛」的能力也大幅提升。

# 刷牙初體驗：
# 從一次刷一顆牙開始

初次刷牙一旦留下不好的回憶，就不容易再被柴柴接受，
所以剛開始最好謹慎小心。

幫柴犬刷牙的步驟（影山式的刷法）

STEP❶　把紗布或切成小塊的手巾纏在手指上，
再擠上犬用牙膏。

STEP❷　另一隻手去摸頭，然後趁著這時，
小心地用指尖輕輕深進去摸，找到一顆牙就可以了。

好乖～

真棒！

真厲害！

要一直、不斷
地誇獎柴柴

最後給予獎勵

**STEP③** 到了隔天，如果感覺狀況還不錯，
就增加到一次摸2顆牙。

就這樣進行
持續2週～1個月。

**STEP④** 每次都增加1到2顆，慢慢往更裡面的牙齒摸，
大概半年左右，就能摸完全部的牙齒。

選在散步之後，
趁牠還綁著牽繩。

將柴柴放在
比較高的平台上擦腳，
也方便刷牙。

因為小麻不喜歡用牙刷，
所以我一直是用手指來幫牠清潔牙齒。

# 上廁所：成長過程中重要的一環

柴柴上廁所的環境狀態，會隨著牠的成長而發生變化。

幼犬期

學會在室內上廁所。

成犬期

開始學會在散步時排泄。

同時也在室內
上廁所。

成犬期

只有在散步時
才會上廁所。

廁所用的尿布墊，
變成室內擺飾。

老犬期

已經習慣
只在外面上廁所。

腰部跟腿
會變得沒力氣，
所以要用高齡犬的輔助帶。

**老犬期**

已經習慣，
不管在室內或室外
都可以上廁所。

**老犬期 初期**

忘記了，
所以只好
再訓練一次上廁所。

這是什麼東西？

**老犬期**

訓練失敗了，果然沒有
辦法回到室內上廁所。
沒關係，還是可以去院
子上。

<參考>
也有年邁的柴柴，經
過反覆練習，重新學
會在室內上廁所

→ 請見第 86 頁

# 不知為何，
# 上廁所是「野性的呼喚」

很多狗狗在外面上過一次廁所後，就從此都在戶外排泄。
題外話，雨天散步時，常常遇到日本犬和米克斯犬。

快去散步
趁現在

參考

智慧型手機的
天氣預報App
非常好用。

30分鐘之後
會開始下雨

# 陰天散步時，會發生這些事

### 參考 ❶ 連續下雨

一定要帶柴柴出去散步，
可是牽繩跟輔助帶都還沒有乾燥。

### 參考 ❷ 遇到積雪

柴柴看到雪可能會非常興奮，
會讓主人折騰好一陣子。

### 參考 ❸ 遇到颱風

颱風的暴風圈經過之後，
天空就會變得晴朗。
通常可以陰雨綿綿的季節
更能預料之後的天氣。

嘶～嘶～

再一個小時才會走嗎…

不管什麼時候，柴柴都不擔心未來的事情。

# 柴柴小便時，
# 就是「廁所訓練」的好機會

因為想到：能不能直接把尿過的地方改成廁所？
影山式「廁所訓練」才應運而生。

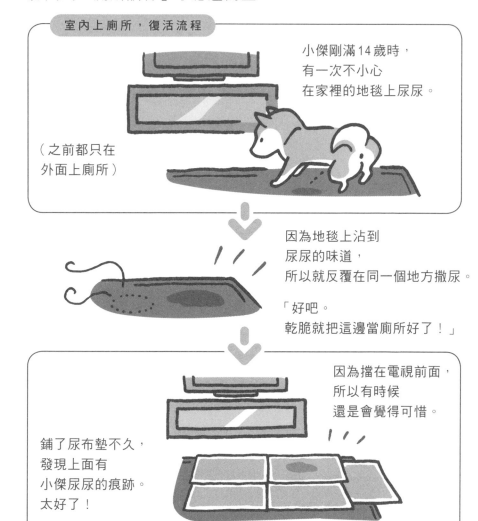

室內上廁所，復活流程

小傑剛滿14歲時，
有一次不小心
在家裡的地毯上尿尿。

（之前都只在
外面上廁所）

因為地毯上沾到
尿尿的味道，
所以就反覆在同一個地方撒尿。

「好吧。
乾脆就把這邊當廁所好了！」

因為擋在電視前面，
所以有時候
還是會覺得可惜。

鋪了尿布墊不久，
發現上面有
小傑尿尿的痕跡。
太好了！

讓小傑記得寵物用尿布墊的觸感，
然後鋪在盥洗室，
催促牠上去。

可以防噴濺的
瓦楞紙板

## 成功了！

成功之後，
如果牠很想上廁所，
要趁機帶牠過去，
這樣也會成功。

柴柴特性

小哲有樣學樣，
也會跟著哥哥小傑的腳步，
到廁所的尿布墊上面
好好上廁所。

小傑去世之後，小哲又回去外面上廁所了……
不過，影山家也學到了「只要努力就可以成功」這件事。

# 人類自以為的「美味食物」，
# 不一定狗狗也愛吃

主人從外面買回來的高級零食，
或是苦心下廚做的料理……愛犬卻完全不吃。
不少飼主都有過這種經驗。
意外的是，柴柴鍾情於「一樣的食物」。

小塊的碎肉

突然出現的帶骨頭的肉

擺出警戒姿勢

# 柴柴為什麼
# 故意不吃飯……

這個，總感覺
是我討厭的東西

要小心面對這種狀況，
因為主人的應對方式
會影響之後的飲食習慣。

---

馬上換別的食物。

肉♫

下一次
就變成只吃
喜歡的食物。

上次是肉肉
這次怎麼沒有了？

---

將飯碗先收起來。

唉？

如果發現愛犬不喜歡吃，
就不要繼續餵食了。
等到下次吃飯時間，
再和平常一樣拿出牠的食物。

吃飯了！
哇！

# 柴柴：交朋友這種事勉強不來

如果明顯感覺到愛犬不喜歡其他狗，
就不用勉強牠交新朋友。

看啊，是新朋友喔～

嗚嗚

轉頭

只要爸爸在這裡，就很幸福了～

參考　朋友雖然不多，
　　　可是有家人就很滿足了。

# 柴犬害怕的東西，人類或許很難想像

例如 蚊子的嗡嗡聲

玩得好好的？

匆忙逃開

這種狀況，
可能是房間裡有蚊子。

有些柴柴甚至會這樣……。

啪！

小哲
非常討厭
蚊子嗡嗡聲，
還有打蚊子的聲音。

逃

參考

也因此，
如果要打蚊子，
最好徒手抓。

抖

第一次刷牙時，
小哲一直叼著牙刷，
怎樣都不放開。
有可能以為牙刷是零食或玩具吧？

# 柴行為疑難排解

# 啃地毯、咬地墊

小麻

有些柴犬一看到地毯或是墊子，
不把邊角弄成圓的就不罷休。

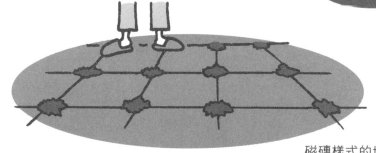

磁磚樣式的地毯
常常都被咬壞。

影山式的應對方法

現場抓到，進行勸導。

喂
！

不要太嘮叨，
說一句就好！

要在咬下去前1秒鐘
說出來！
（時機非常重要）

發揮耐心，重複進行，
接著牠就不會咬了。

# 翻找垃圾桶

小哲

影山家有一隻柴犬，迷上了垃圾桶裡的衛生紙。

特別是
擤過鼻涕的…

---

影山式的應對方法

1 換成高一點的
或是加上蓋子的垃圾桶，
這樣就沒問題了

2 偷偷跟在後面，出聲勸導。

喂！

3 如果還是不行，
就移動垃圾桶的位置，
放到高一點的地方，

像是衣櫃上面。
由於柴柴眼前的目標消失，所以牠對衛生紙的狂熱也冷卻了。

# 散步時，亂吃路上的東西

小狗特別容易亂吃。
必須一直告訴牠們這樣不好，
但牠們下一秒就忘了。

小麻

 橡實　　 小石頭　　 衛生紙　　 其他狗的
乾掉的大便

柴柴因為離地面很近，
所以一不注意，
會馬上就會吃掉。

嗄
咕

影山式的應對方法 ❶

**避開有問題的地方。**

如果看見有東西
掉落在前方的地上，
那就快快從旁邊走過。

影山式的應對方法 ❷

發出簡短的指令
告訴牠「不行」。

拉緊

說指令的同時
也輕輕拉一下繩子。
這會讓柴犬
感覺不太開心，
於是漸漸就不吃了。

影山家的失敗談

如果想用零食交換牠亂撿的東西，要特別注意。

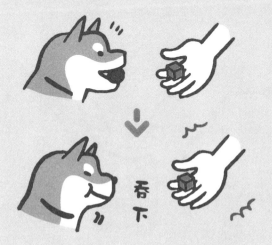

假如叼著的東西很小，
柴柴可能會先把
嘴上的東西吞下去，
才跟你要零食。

吞
下

這樣的話，
拿零食當然就沒用了。
不能先讓牠吞掉。

# 柴改不了吃屎，怎麼辦？

許多小狗都會發生這種狀況。
如果養成習慣在散步的時候大便，會改善吃糞便的情形。

可怕的柴柴吃糞世界

大便在體內不斷循環……。

影山式的應對方法

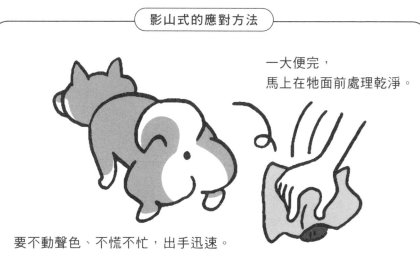

一大便完，
馬上在牠面前處理乾淨。

要不動聲色、不慌不忙，出手迅速。

影山家的失敗談

啊
啊
啊

小
麻
等
一
下
～

看到小麻在院子裡大便。
我慌忙跑過去之後，
有守護欲的小麻，
馬上叼著最大的那塊跑走了。

喂
～

在這之後，小麻有一陣子養成
「急著上出來，急著吃掉」這種令人抓狂的壞習慣。

**POINT**「越不想要柴柴做的事，就要應對得越果斷！」

# 有其他狗經過家門，就開始狂吠

不叫會被說「連看門都不會」，
叫了卻被嫌「吵死了」。
當柴柴也是很辛苦的。

小麻

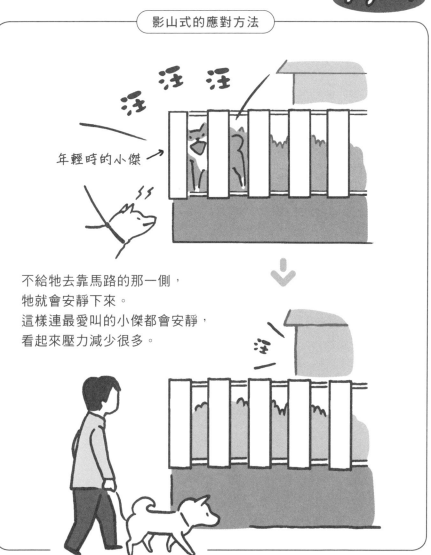

影山式的應對方法

汪 汪 汪

年輕時的小傑 →

不給牠去靠馬路的那一側，
牠就會安靜下來。
這樣連最愛叫的小傑都會安靜，
看起來壓力減少很多。

汪

# 太興奮，所以飛撲上來

如果對人「飛撲」會帶來好事，
那柴柴會一直重複這個動作。理牠的話，
牠可能還會覺得被肯定，所以要注意。

樂樂

影山式的應對方法

回到家時，
如果牠飛撲過來，
無論如何都不要理牠。

撲

連「我回來了」或
「這樣會痛」，
這些話都先不要說。

喘

暫停所有動作，
不要有動靜。

等到牠
乖乖坐下，
這時才開口。

很好～

每一次都要重複上述步驟。

**POINT** 「狗狗會思考：怎樣才會讓主人注意到自己！」

# 柴劇場

跟柴柴一起的生活
讓我上了許多課。
「越想抓牠的話，就越不能追」
這個道理也是其中之一。
就來看看影山式的捕獲作戰吧！

「過來」

我們去散步

過來

以為「過來」
是追逐遊戲的訊號！

興奮

興奮

被追就會跑走

過來～

汪！

被柴柴們玩弄於
股掌間的飼主

吼

汪～

## 「集合～♫」

## 最後還是拚命追

# 在動物醫院不停吠叫

只是拿出聽診器，
就開始吠。

醫生只要說話就開始叫。

嗷嗚～

雖然一直叫，
但是這時候
不會咬人。

看起來
很有禮貌地
坐在上面
卻還是一直吠。

〈參考〉

注射器包裝紙
打開的聲音
也會讓柴柴很敏感。

撕

「跟狂吠的狗狗一起走出看診室」──
這是許多飼主都要通過的尷尬考驗。

# 不給人碰觸，
# 要如何照顧柴犬？

小哲

以「狗狗的健康」作為大前提，
省略去多餘的動作，也是一種取得人狗平衡的好方法。

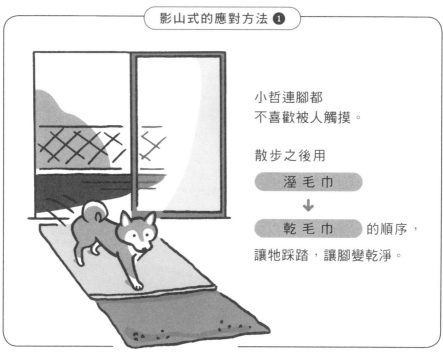

**影山式的應對方法 ❶**

小哲連腳都
不喜歡被人觸摸。

散步之後用

溼 毛 巾

↓

乾 毛 巾 的順序，

讓牠踩踏，讓腳變乾淨。

**影山式的應對方法 ❷**

一定要到
動物醫院才可以
開始剪指甲

竟然可以乖乖
戴上伊莉莎白圈，
真是奇蹟！

## 影山式的應對方法 ③

諮詢了專業的狗狗顧問，他建議我放棄幫小哲洗澡。

不可思議的是，
12 年不洗澡，
居然也沒有味道。

## 影山式的應對方法 ④

柴柴被雨淋溼。這時假裝撫摸，
並用主人穿過的衣服擦。

花了好幾年時間，
慢慢把主人的衣服
換成了小毛巾，
最後終於能用大毛巾擦了。

到後來，
牠身體淋溼了
就會自己靠過來。

太感動

# 守護東西並生氣

**Q** 在以下這幅畫中，有哪一些東西是
小哲守護過的呢？

❶ 櫃子上的砂鍋　　❺ 掉落的鉛筆
❷ 桌上的抹布　　　❻ 空盤子
❸ 拖鞋　　　　　　❼ 整個房子
❹ 玩具

**A** 以上皆是！

**POINT**「有時候，柴柴會保護一些我們意想不到的東西！」

**Q** 保護東西的柴柴會做什麼？

**A1**

當柴柴在房間裡守護東西，
如果想進去裡面的話，
牠會開始威嚇。

**A2**

如果繼續接近，
牠會開始攻擊。

**A3**

柴柴有時候
會不吃不喝
連續守好幾個小時。
（我才不會被零食誘惑呢！）

───( 影山家學到的東西 )───

❶ 如果感覺到柴柴在守護東西，就不要跟牠對到眼。
❷ 在柴柴開始「守護」的毛病之前，就先用零食把東西換過來。
❸ 把容易被牠守護的東西收好。
　（例如：包裝成一袋的硬口香糖，諸如此類）

# 拒絕主人抱抱，
# 柴不是討厭你

拒絕抱抱，有時候不是因為討厭主人，
只不過是不喜歡行動受限的感覺。

柴柴拒絕了你的擁抱
雖然很令人難過，
但記得不能勉強牠。

要讓牠一步一步
慢慢習慣。

# 「啃咬」是
# 柴柴常用於表達的方式

柴柴如果真的咬人了，通常會在張嘴之前表現過線索，
像是表情陰沉、皺起鼻子，諸如此類。
如果沒有發現是什麼，還反覆做牠討厭的事情，
那就會發生悲劇。感情破裂的話，記得先別急著和好。

小哲年輕的時候，
有一次想摸牠
結果卻被咬了。

於是停止主動接觸，
之後過了幾年。
（小哲自己過來的話，
摸是OK的）

最後我們和好了，
還可以一起享受自拍。

# 提早 2 秒預測「狂吠」的方法

從焦躁的狀態，漸漸演變成狂吠

厭惡

看起來要生氣了。

柴柴這時候
會把視線移開
避免自己狂吠。
（情緒自我控制的榜樣）

這個技能是我在不經意之下學會的。以前某一段時間
我可以在不回頭看的狀況下，就預測到小哲要狂吠。
因為牠在吠叫之前會用鼻子深深吸一口氣。

汪汪

爆發。

在狂吠的2秒前。
柴柴會用鼻子
用力地吸氣。

「哈……」
主人一聽到吸氣的聲音
就立刻打哈欠回應。
（這是「安定信號」）

避免發生狂吠。
（柴柴注意到安定信號，
所以回過神來）

雖然管教狗狗
有時候是一件苦差事，
但也因此加深我們的羈絆。

# 希望柴犬主人知道的事

# 跟柴柴屁股
# 也建立起長期關係

1 無論在睡覺或醒著，都能看到柴柴的肛門。

站立時的
肛門

躺著時的
肛門

伸懶腰前的
肛門

**2** 散步的時候，因為遲遲不大便，
主人於是一直盯著肛門等待。

**3** 只有飼主才看得出來的「排便信號」。

# 看柴犬的位置，就可以判斷季節

不管是哪一個季節，牠總是會待在最好的地方。

浴室　　　　　　　　　　　　主人的羽絨被窩裡

# 提早發現季節變化

柴柴在散步時，很早就會察覺自然界的變化。

2月的時候，
貼在地上的蒲公英
已經長出了花苞。

嗯，狗狗大概都是這樣的……。

# 光是靜靜看著
# 就可以得到柴柴的療癒

當然各種姿勢都非常可愛。
但有一些姿勢，會散發出魔法般的魅力。

例1　**靜靜睡覺的背影**

主人把想睡覺的期望寄託在柴柴身上，然後就去工作了。

例 2　打瞌睡時的側臉

一直盯著牠，直到牠發現我的視線，於是轉頭看向我。
最後四目相交時，人與狗都感受到無比的幸福。

# 柴柴有時讓人自覺慚愧

人啊，會懂那種遷怒於物品之後的空虛。

人啊，會知道自己的慾望有多大。

人啊，會開始反省很多事。

# 想要守護柴柴的一生

小狗的可愛當然無法挑剔，
不過，柴柴其實還會越老越可愛喔。

**1** 愛的表達方式，會隨著年齡而有變化。

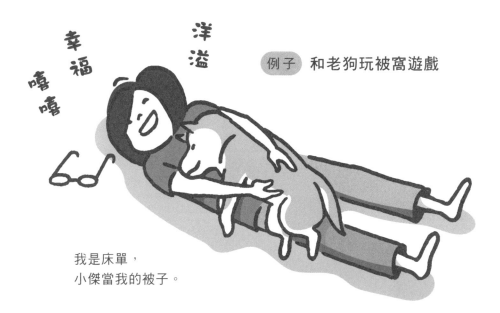

嘻嘻　幸福　洋溢

例子　和老狗玩被窩遊戲

我是床單，
小傑當我的被子。

參考　跟年輕的狗狗
這樣玩的話，
肚子絕對會被踢。

嗯……　太悶熱了一

用力蹬

**2** 大齡柴犬獨自看家的時候，我忙完會飛奔趕回家。

只有聽到叫聲
卻也安心許多了。

**3** 對於房間的擺設，會認為安全性比外觀更重要。

## 打招呼

# 柴劇場

和柴柴一起生活後，
我也開始常出門散步，
也改變了與人習慣的交往方式。
愛柴不只拓寬了我的世界，
也讓我不再內向怕生。

## 街坊交情

## 狗的聯想

# 柴柴想要盡情吃草

有可能是為了調理腸道，也可能是單純喜歡吃草。
雖然像是「柴柴沙拉吧」的草地非常受歡迎，
但也可能會不衛生，主人一定要多注意。

為了調理身體而吃草的柴犬

早晨的時候，
小哲想出去院子。

一打開窗戶
就馬上衝出去。

大口
狂吃

哇啊啊啊

通體舒暢

吃草吃到吐。

回來的時候，心情變得超好

## 為了打發時間而吃草的柴犬

飼主們站著聊天時，
常常會看到這種景象。

## 隨口一咬，把草當零食的柴犬

知道會被阻止，
所以一路過就
慌慌張張地吃了。
竟然想吃草到這種程度。

# 散步時突然定格

被稱 不動柴、拒否柴、鬧脾氣柴等現象。
散步的時候，有柴犬會因 「還不想回去」、
「聞到討厭的狗的味道」、「走的方向不對」等理由坐下來。

前腳比較靈活的柴柴。

項圈幾乎都要脫下來了，
如果保持這種姿勢，
主人也很難拉動。

有些柴柴會直接躺下。
雖然可能被拖著走，
但牠似乎卻樂在其中。

有些會禮貌地拒絕繼續走。

不管為什麼停下來，時機到了之後就會繼續走。

**1**
因為坐太久，
開始厭倦坐著。

突然開始走，像是什麼事都沒發生過。

**2**
被喜歡的狗
看到在耍賴，
有點尷尬。

還好嗎？

馬上

站好

**3**
因為拿出零食
而不得不起來
交換。

我現在
還可以
再換了次…

**4**
被主人
直接抱起來。

啞啞

# 突然之間，眉毛就長出來了！

可愛的狗狗臉上突然出現了眉毛。
可能是Ｍ字眉，或是海鷗眉的樣子。
尤其會在年輕柴犬的換毛期出現。

不管是公的還是母的，就算平常很酷，
只要長了眉毛看起來就像大叔。

靜靜等待，就會隨時間解決了。

# 直接睡在便便上面

有些柴犬會在睡覺時不小心排泄。
大便被壓在狗屁股下面，
等到牠醒來之後，已經變得乾巴巴的。

柴柴剛醒來，就露出
「是誰騷擾我？」的表情。
這種時候，就請主人
若無其事地清理吧！

# 天花板或牆壁上明明沒有東西，卻持續盯著一點看

這種現象其實很常見，並不是因為柴柴被什麼東西附身。

**這些是可能的原因**

❶ 有非常小的蟲子。

❷ 聽到牆另一邊的聲音。

❸ 有只有狗狗才看得到的東西。

# 睡覺發出呼呼聲

狗狗也會做夢。而且偶爾會因為做惡夢而驚醒。

參考 1　在睡覺的時候
腳微微挪動了幾下。
應該是在夢中奔跑吧。

呼呼
呼呼
踩踏　晃

參考 2　正在發出威嚇。
看來夢中有危險！

嗯嗯　嗯嗯　嗯嗯……

參考 3　柴柴被自己的聲音驚醒。在千鈞一髮的時候生還了。

救嗚～

這時要注意，
如果跟牠接觸眼神
可能會被懷疑。

我什麼都沒做

# 明明給了狗骨頭，
# 卻不吃只是嗚嗚叫

因為判斷一次吃不完，所以有時候，
會因為恐懼而叼著骨頭走。
在「想吃」和「不能吃」之間掙扎，
但時機一到，這個煩惱就會解決了。

養在外面的狗狗，
可能會在院子裡
把骨頭先暫時埋好。
室內犬則是會「想要埋起來」。

柴柴會煞有其事地
做出「挖沙子」的動作，
這時請陪著牠。之後就會開始吃。

我看不到喔～

# 不斷露出門牙

**回顧一下，之前有沒有這些行為**

- ☐ 牠剛才有在玩玩具嗎？
- ☐ 牠是開著嘴巴睡覺嗎？
- ☐ 牠有沒有一直吠叫？
- ☐ 是不是跟同住的狗一起玩？（請見下頁）

連自己
都沒有意識到
↓

**POINT** 由於牙齦乾燥，和上嘴唇黏在一起，不久就會恢復原狀。

# 和同住的狗咬來咬去
## （玩耍式的啃咬）

這不是真正的咬，而是一種摩擦牙齒的遊戲。

 參考 1　靜靜地用牙齒，
貼著對方的臉之類的地方。

參考 2　叼著另一隻狗
的脖子後面。

被對方 →
叼著走了

參考
3

其中一隻柴柴叼著另一隻的脖子，
在房間裡面咕嚕咕嚕地走動。

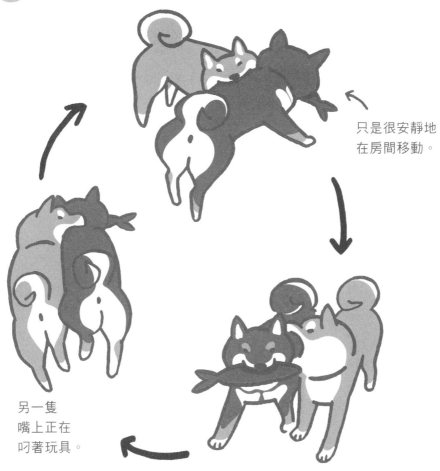

只是很安靜地
在房間移動。

另一隻
嘴上正在
叼著玩具。

參考
4

玩完啃咬遊戲之後，柴柴會口渴，
而且也會玩得滿嘴是毛。

# 柴柴們希望
# 主人一定要知道的
# 快問快答 FAQ

> 我的主人每次都喜歡
> 用力捏我的臉頰,
> 我可不可以拒絕他呢?
> (柴犬,男性,13歲)

你可以體諒主人的心情,而且一直忍耐到現在,實在是太溫柔了。隨著年齡增加,你的臉頰肉也會慢慢變軟,主人一定是被你可愛的臉頰肉誘惑了,所以無法克制自己。但如果覺得「太煩了!」你也可以拒絕。主人一定會理解的。

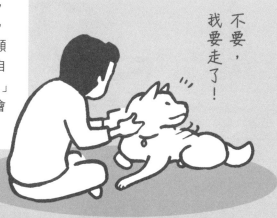

不要,我要走了!

可以假裝被別人叫走,然後藉故離開。

每天都是那種脆脆的、一模一樣的飼料，我已經吃膩了。

（柴犬、女生、5歲）

沒錯，是的。會這樣想也是很合理的，因為生日和新年的大餐都太美味。不過，這種脆脆的飼料可以維持營養均衡，對你的身體比較好。而且，正因為常吃飼料，才會讓偶爾的大餐顯得更美味。

跟主人去散步，是一定要參加的活動嗎？

（柴犬、男生、3歲）

難道是因為你很在意方位風水？有些日子，會不知何故「就是不想去東北方」，於是開始討厭散步？那你就別勉強，但是要記得告訴主人，你不是因為身體不舒服唷，免得讓他擔心了。

主人回家時，我聞到其他狗的味道，是他外遇了嗎？

（柴犬、2歲、女生）

你到了會對這些事情好奇的年紀了！但這不是外遇，是主人為了訓練你的嗅覺，才收集很多狗的味道回來。來～分析一下味道吧！或許有一天，在外面第一次跟其他狗見面的時候，也會想起曾經聞過對方的味道。這時腦袋裡就像是綻放出玫瑰花喔。

我住在雪多的地方，而大家都熟悉的「那首歌」裡面的狗狗形象常常讓我有些困擾。

（柴犬、男生、7歲）

那一首歌形容的是，狗狗在下雪時，興高采烈地在院子跑跳的景象。這是一首好歌喔！主人從小就會唱了。不過，有些狗狗其實不喜歡冷天，所以你也不用勉強在外面玩耍。如果哪天心情不錯，再盡情地和主人一起去外面活動吧。

應指日本文部省於1911年所編的童謠＜雪＞，
其中有句歌詞「狗高興地在院子裡跑來跑去，
貓在被爐裡蜷成一團」（降っても降っても　まだ降りやまぬ）。

# 我是不是最可愛的？
## （柴犬們共同發問）

當然是！難道你的主人迷上了其他的偶像狗狗嗎？你的意思是不是「家裡明明有我，為什麼還要看別的柴犬」呢？不管怎麼樣，你絕對都可以相信，你就是那隻最可愛的狗狗。你可愛的程度，可以讓人從早說到晚，不管說幾次都不夠喔！

一起來　OZDG0023

# 柴友必備！跟柴柴心意相通的「柴犬使用手冊」
從相處與飼養知識、柴柴怪癖到有趣日常，最療癒的萌犬指南
柴犬のトリセツ

著　　　者　影山直美
譯　　　者　林子涵
主　　　編　林子揚
責 任 編 輯　林杰蓉

總　編　輯　陳旭華 steve@bookrep.com.tw
出 版 單 位　一起來出版／遠足文化事業股份有限公司
發　　　行　遠足文化事業股份有限公司（讀書共和國出版集團）
　　　　　　231新北市新店區民權路108-2號9樓
電　　　話　(02) 2218-1417
法 律 顧 問　華洋法律事務所　蘇文生律師

封 面 設 計　許立人
內 頁 排 版　顏麟驊
印　　　製　中原造像股份有限公司
初 版 一 刷　2022 年 5 月
初 版 七 刷　2023 年 7 月
定　　　價　350 元
I S B N　　9786269566426（平裝）
　　　　　　9786269566440（EPUB）
　　　　　　9786269566433（PDF）

國家圖書館出版品預行編目（CIP）資料

柴友必備！跟柴柴心意相通的「柴犬使用手冊」：從相
處與飼養知識、柴柴怪癖到有趣日常，最療癒的萌犬指
南／影山直美著；林子涵譯. -- 初版. -- 新北市：一起來
出版：遠足文化事業股份有限公司發行，2022.05
面；　公分. --（一起來好；23）

譯自：柴犬のトリセツ
ISBN 978-626-95664-2-6（平裝）

1.CST: 犬　2.CST: 寵物飼養

437.354　　　　　　　　　　　　　111003187

SHIBAINU NO TORISETSU
© NAOMI KAGEYAMA 2021
Originally published in Japan in 2021 by SEITO-SHA Co.,Ltd.,TOKYO.
Traditional Chinese Characters translation rights arranged with SEITO-SHA Co.,Ltd.,
TOKYO, through TOHAN CORPORATION, TOKYO
and KEIO CULTURAL ENTERPRISE CO.,LTD., NEW TAIPEI CITY.

日文版 STAFF
封面、內文設計　室田潤、関口宏美（細山田デザイン事務所）、橫村葵
編　　　輯　富田園子